"帮你一把富起来"农业科技丛书

怎样检验和识别农作物种子的质量

马缘生　编著

金盾出版社

内 容 提 要

本书着重介绍了检验和识别农作物种子真伪优劣的技术。书中通过对主要农作物种子的外部形态和内部构造的剖析,较全面地阐述了识别种子优劣的基本知识;对种子净度检验、发芽试验和活力快速测定方法做了比较详细的介绍。可供广大农民和农业技术人员阅读参考。

图书在版编目(CIP)数据

怎样检验和识别农作物种子的质量/马缘生编著.—北京:金盾出版社,2000.12(2014.2重印)

("帮你一把富起来"农业科技丛书/刘国芬主编)

ISBN 978-7-5082-1370-5

Ⅰ.①怎… Ⅱ.①马… Ⅲ.①作物-种子-检验 Ⅳ.①S339.3

中国版本图书馆 CIP 数据核字(2000)第 48280 号

金盾出版社出版、总发行

北京太平路 5 号(地铁万寿路站往南)

邮政编码:100036 电话:68214039 83219215

传真:68276683 网址:www.jdcbs.cn

北京盛世双龙印刷有限公司印刷、装订

各地新华书店经销

开本:787×1092 1/32 印张:2.5 字数:45 千字

2014 年 2 月第 1 版第 10 次印刷

印数:86 001~90 000 册 定价:5.00 元

(凡购买金盾出版社的图书,如有缺页、倒页、脱页者,本社发行部负责调换)

"帮你一把富起来"农业科技丛书编委会

序

随着改革开放的深入和现代化建设的不断发展，我国农业和农村经济正在发生新的阶段性变化。要求以市场为导向，推进农业和农村经济的战略性调整，满足市场对农产品优质化、多样化的需要，全面提高农民的素质和农业生产的效益，为农民增收开辟新的途径。农村妇女占农村劳动力的60%左右，是推动农村经济发展的一支重要力量。提高农村妇女的文化科技水平，帮助她们尽快掌握先进的农业科学技术，对于加快农业结构调整的步伐，增加农村妇女的家庭收入具有重要意义。

根据全国妇联"巾帼科技致富工程"的总体规划，全国妇女农业科技指导中心为满足广大农村妇女求知、求富的需求，从2000年起将陆续编辑出版一套"帮你一把富起来"科普系列丛书。该丛书的特点：一是科技含量高，内容新，以近年农业部推广的新技术、新品种为主；二是可操作性强，丛书列举了大量农业生产中成功的实例，易于掌握；三是图文并茂，通俗易懂；四是领域广泛，丛书涉及种植业、养殖业、农副产品加工等许多领域，如畜禽的饲养管理技术、作物的病虫害防治、农药及农机使用技术以及农村妇幼卫生保健等。该丛书是教会农村妇女掌握实用科学技术、帮助她们富起来的有效手段，也是农村妇女的良师益友。

"帮你一把富起来"丛书由农业科技专家、教授及第一线的科技工作者撰稿。他们在全国妇女农业科技指导中心的组织下，为农村妇女学习农业新科技、推广应用新品种做了大量的有益工作。该丛书是他们献给广大农村妇女的又一成果。我相信，广大农村妇女在农业科技人员的帮助下，通过学习掌握农业新技术，一定会走上致富之路。

沈淑济

2000年10月

沈淑济同志任全国妇联副主席、书记处书记

目 录

一、良种的概念

"良种"在农业生产上包含着双重意义,是优良种性和优质种子的总称。首先,任何一种作物的良种,必须具有相对稳定的特征、特性,也就是说良种必须保持从祖代传递下来的优良种性。还必须在一定地区和耕作条件下,能充分适应自然,利用栽培中的有利条件,抵抗和克服不利因素,满足生产发展的需要,获得较高经济价值的品种,才叫优良品种。同时,对种子本身来说,要具有符合生产上所要求的优良播种品质,也就是说当种子播种到田间时,不但能迅速萌发,而且能长成健壮的幼苗。优良种性和优质种子这两方面是构成农作物良种的基本因素,必须同时具备,同等重要,不容偏废。良种的优良种性由遗传性决定;良种的良好播种品质,主要由环境条件所造成。

良种的优良种性主要表现为产量高且丰产性稳定,抗逆性强且适应性广,使用价值高且品质优良。良种的良好播种品质可概括为纯、净、干、饱、壮等几个方面。良种在生产上的这种双重意义如图1-1所示。

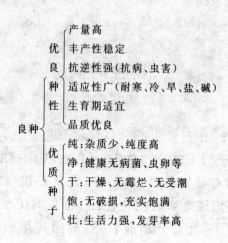

图 1-1　良种在农业生产上的双重意义

二、作物种子的结构和特征

地球上有记载的植物约 30 万种,已被人类利用的约 2500 种,其中 1500 种属栽培植物,广泛栽培的作物有上百种,绝大多数为种子植物。种子植物不但种类繁多,而且分布也非常广泛。形成这种绝对优势的主要原因,是由于种子在传播植物种族和绵延后代方面有特别优越的功能,小小的种子,就是一株等待时机继续生长的幼小植物。种子是由胚、胚乳和种皮及其附属构造三部分所组成。"胚"实际上就是一株幼嫩的植物体,在胚部细胞中蕴藏着强大的生命力,在适宜的环境条件下，就能很快生长发育，成为能营独立生活的新个体。"胚乳"的功能和哺乳动物的母畜在产后分泌乳汁饲喂幼畜相类似，供给胚营养物质，所以称胚乳。此外，在种子的外部常包有一至多层的保护构造和某些附属物，使种子脱离母株以后，容易被风、水、虫、鸟等外力传播到远处发芽、生长和繁殖；并且在传播过程中，使内部的幼胚不易受到损伤。因此，种子是植物界最完美、最理想的一种繁殖器官。再加上一些有利因素，使种子植物在地球上广泛传播，大量繁殖，并能保持长盛不衰。种子植物中的各种作物，为人类的生产生活做出了巨大贡献。

各种作物种子的外部和内部构造是不同的，如图2-1所示。休眠玉米种子的胚比菜豆种子的胚要保护得好。玉米和其他谷类种子中的养料主要储备在胚乳中，而菜豆和其他豆类种子的养料则贮备在两片子叶中，子叶也可作为幼苗的光合作用器官。玉米和菜豆的种皮、菜豆的种脐和发芽口，影响种子的贮藏。发芽口是水分进出的通道，种脐发软或受伤，真菌即可侵入种子。

（一）种子的外部形态特征

从种子的外部形态特征来鉴定种子的类型和品种，是一种最基本和最简便的方法。进行种子检验时，要判断一批种子是否混有异种品种的种子，常从种子

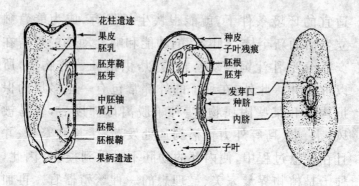

图 2-1　玉米(左)和菜豆(中及右)种子的内部和外部构造

的外部形态特征入手。即使外部形态上一些微小的差异,也往往可作为鉴定品种的依据。因此,熟悉作物种子的外表特征具有很重要的实践意义。种子的外部形态特征主要包括子粒形状、子粒大小、外表色泽及附属物等。

1. 子粒的形状

　　一种植物或一个作物品种所具有的子粒形状,通常是相当固定的。如:玉米粒呈齿形,菜豆呈肾形,豌豆呈球形,棉花籽呈卵圆形,西瓜子呈扁平形。种子形状主要决定于遗传特性,通常很少受环境条件的影响而产生变异。同一个属的植物种子在外表形状上是比较一致的,但不同的种或品种间则往往存在明显的差别。例如:籼稻种子一般呈长椭圆形,而粳稻种子则偏于圆粒形。东北地区的大豆品种子粒多近似球形,很易和豌豆混淆;而南方各省的大豆品种子粒多呈椭圆形,厚度较小。子粒形状往往因外部附有其他构造而呈现多样化,如:水稻子粒的芒,小麦子粒顶部的茸毛,大麦子粒的稃壳,菊科植物瘦果的冠毛,松科植物的种翅,棉籽表面的纤维,甜菜种球的苞叶等。

2. 子粒的大小

各种植物种子的颗粒大小,相差非常悬殊。有些大粒种子,如热带地区的椰子,每颗直径达 20～30 厘米,重数千克;而小粒种子如兰科植物的种子却细如尘埃,几十万颗还不到 1 克。各种农作物种子的单粒重量亦相差很大,其变化范围大致在 0.01～3 克之间。特别小的种子如芝麻和烟草,每粒重量还不到 1 毫克。禾本科作物的种子以玉米为最大,单粒重可超过 1 克;而甘蔗最小,单粒重在 1 毫克以下。

同一种作物种子的大小常由于品种、气候条件及栽培措施不同而有不同程度的差异。同一植株甚至同一花序上的种子,其大小亦有一定程度的差异。禾谷类作物中,水稻种子因外部有稃壳包着,大小比较均匀,而且在不同年份间,变化亦不大,这一点对鉴定品种是有利的。

农作物种子大小通常用千粒重表示。某些大粒种子亦用百粒重表示(蚕豆、花生、玉米等)。有时种子大小用长、宽、厚表示。几种作物种子的千粒重和长、宽、厚的变化幅度,如表 2-1 所示。

表 2-1　几种作物种子的千粒重和长、宽、厚的变化幅度

作　物	千粒重（克）	长度（毫米）	宽度（毫米）	厚度（毫米）
水　稻	15～51	5.0～9.0	2.5～3.5	1.4～1.8
小　麦	15～88	4.0～8.0	1.8～4.0	1.6～3.6
玉　米	50～1100	6.0～17.0	5.0～11.0	2.7～5.8
大　麦	20～55	7.0～14.6	2.0～4.2	1.2～3.6
燕　麦	15～45	8.0～18.6	1.4～4.0	1.0～3.6
黑　麦	13～50	4.5～9.8	1.4～3.6	1.0～3.4

　　生产实践中往往根据子粒的大小、形状和重量等特征进行清选和分级，并作为农产品贸易的分级标准。例如：联合国粮农组织对稻米曾作了如表 2-2 所示的规定。

表 2-2　稻米的大小形状和重量的分级

米粒大小	长度（毫米）	米粒形状	长宽比	米粒重量	千粒重（克）
特长粒	＞7	细	＞3	特大	＞28
长　粒	6～7	中	2.4～3.0	大	22～28
中　粒	5～5.99	圆	2.0～2.39	小	＜22
短　粒	＜5	圆	＜2	—	—

3. 子粒的色泽

　　种子外部常有保护结构覆盖着，通常为种皮和果

皮及稃壳,有时也附着假种皮、苞叶等。这些构造因在细胞中含有各种不同的色素,常呈现品种固有色泽。例如:稻谷的稃壳有浅黄、深黄、茶褐、赤褐及紫黑色等。剥去稃壳,内部是一颗典型的颖果,就是通常所谓的糙米,糙米外部包着薄薄的一层果皮和种皮。这两种保护组织紧密结合在一起,很难分离。这是颖果的主要特征。果皮一般呈银白色,常带珠光,因品种不同,亦有呈褐色、紫黑色的。稻米的赤红色是由于种皮细胞中存有一种色素,因果皮很薄,可以透过果皮细胞,容易误认为是果皮的颜色。未充分成熟的稻米常呈淡绿色,称为青米,这是由于果皮的内层有叶绿素存在之故。以后这种绿色会随着成熟度提高而逐渐消失。玉米子粒的颜色也是多种多样的,有玉白色、蜡白色、淡黄色、鲜黄色、棕红色及紫色等。大豆的子粒也有浅黄、淡绿、紫红、棕褐以及深黑色等。色素除存在于种皮细胞有时也含在子叶中,使子叶呈绿色。大豆往往因种皮颜色不同而定名,如黄豆、青豆、乌豆等。这些名称实际上代表大豆中的一个类型,并非一个品种。豌豆、菜豆(四季豆)、芝麻、薏苡等不少作物的种皮颜色有很多样,可作为区别不同品种的最好的依据,见封二彩图1。

种子的色泽是农作物品种最明显的遗传特性,相当稳定。但应该注意到,色泽的深浅明暗在不同程度上,也受到不同年份的气候条件、栽培措施、成熟度和贮藏期限的影响。例如一个红皮小麦品种，往往因生长的地区、年份及收获早晚不同而颜色浓淡不一。又如花生仁(种子)的种皮色泽在刚收获不久，呈鲜明的肉色或粉红色，经过一二年贮藏后，则转变为暗红色或棕褐色。其他作物的种子也有类似情况。此外，贮藏条件不同，种皮色泽的变化也有差异。如蚕豆种子在不同保存条件下，保存 4 年后的种皮颜色变化见封二彩图 2。

(二)种子的一般构造

种子的构造也和外部形态一样，因植物的种类不同，差异很大，但就绝大多数情况来说，基本构造是一致的。植物的种子一般由胚、胚乳和种皮三部分组成。有时胚乳缺或残留痕迹，有时种皮外部还包有果皮或其他附属物。

1. 胚

胚是种子的主要部分，通常由胚囊中的卵细胞经过受精发育而成。在一般情况下，一颗种子中只有一个胚，也有少数特殊情况，一颗种子有二、三个胚，或完全无胚。前者称"多胚现象"，在柑橘类中常见；后者为"无胚现象"，在水稻、小麦等禾谷类中偶有发现。胚是植物新个体的雏形，其中已具备相当发育的基本器官，包括胚根、胚轴、胚芽和子叶四部分。见图 2-2。

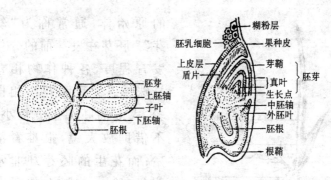

图 2-2 胚的构造

左:双子叶植物种子的胚(已开始萌发)

右:单子叶植物种子的胚(以禾本科为代表)

(1)胚根 又称"幼根"。位于胚的基部,为新植物体的初生根。种子发芽后,生长成为幼苗的主根。双子叶植物的主根称为"圆锥根"。单子叶植物的初生根称为"种子根"。有的作物种子根仅有一条,如水稻;有的作物有多条,如大麦、小麦。禾谷类作物的胚根周围包有一层薄壁组织,称为"根鞘"或"胚根鞘",对幼嫩的胚根起保护作用。

(2)胚轴 又称"胚茎"。在双子叶植物种子萌发后,根据其生长部位不同分为上胚轴、下胚轴两个部分。禾谷类作物在黑暗中萌发时,其胚茎的第一节间显著延长,即成为中胚轴,亦称"中茎"(图 2-3)。大多数作物种子具有发达的下胚轴,有些种子发芽时,下胚轴长得特别快,有利于子叶及胚芽伸出土面,提高种子出苗率,及早接受阳光,加速生长。

(3)胚芽 指胚的顶端部分,包括生长点和真叶

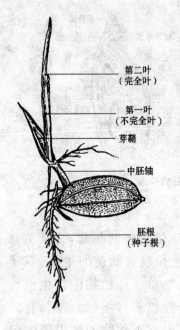

第二叶
（完全叶）

第一叶
（不完全叶）

芽鞘

中胚轴

胚根
（种子根）

图 2-3　水稻的中胚轴（中茎）

的原始体，通常称为"幼芽"。胚芽在发芽前的分化发育程度，各种作物相差悬殊。以大豆和花生相比较，大豆的胚芽十分短小，不借助放大镜，很难看清楚；而花生的胚芽却非常明显，除一个肥大的顶芽外，还可以看到从侧芽部分长出的一对真叶和每片真叶上的四片小叶。禾本科种子的胚芽也发育得很完备，特别是玉米的胚芽，在萌发前已具有三至四片真叶。禾本科种子的胚芽外部还包有圆筒状的芽鞘，或称胚芽鞘，起着保护胚芽的作用。

（4）子叶　子叶是着生在胚轴上的原始叶。种子中子叶的数目因植物种类而不同，在分类学上具有重要意义：单子叶植物种子仅有一片子叶；双子叶植物种子具有一对子叶，基本上是对称的；也有的植物具有二片以上至十片的子叶，称做多子叶植物。子叶一般较真叶为厚，其中储备着有机营养物质，和胚乳有同样的功能。如大豆、花生的子叶含有丰富的脂肪和蛋白质,蚕豆和豌豆的子叶中除蛋白质外,还含有相当多的淀粉。子叶往往将胚芽包在里面,使其不易遭受损伤。有些种子在发芽时,子叶伸出土面,产生叶绿素,能进行光合作用,有利于幼苗的生长发育。单子叶植物(如禾谷类)的子叶位于胚中轴和胚乳之间,称为盾片,又称子叶盘或内子叶。当种子萌发时,这片子叶对胚起营养物质的传递作用。

2. 胚　乳

胚乳是种子储藏有机养料的特殊组织,因发生的来源不同,有内胚乳和外胚乳两种。内胚乳是由胚囊中两个极核经受精发育而成,如茄科、伞形科、五加科、大戟科、蓼科、禾本科、百合科、莎草科及棕榈科的种子。但有些植物的胚乳在发育过程中就被胚所吸收而逐渐消失,成为无胚乳种子,如豆科、十字花科以及葫芦科、蔷薇科、菊科、锦葵科的种子。外胚乳是由胚囊周围的珠心组织发育而成,其生理功能和内胚乳完全一样,这类植物比较少,如藜科的甜菜和菠菜等。还有极少数植物的种子内外胚乳都相当发达,如胡椒科及姜科植物。

3. 种　皮

种皮是种子外部的保护构造,由胚珠外层的珠被组织发育而成,有时只有一层,有时可分为内外两层,内层称内种皮,外层称外种皮。有许多植物,种皮外部还有假种皮(子衣)、果皮及各种附属物。假种皮是由珠柄或胎座组织发育而成,如龙眼、荔枝等。有一些外表上类似种子的果实,如颖果、瘦果、坚果、离果等,其外部包有一层比较坚厚的皮壳,并非种皮而是果皮。有时不加以严格区别,而统称为果种皮。实际上,在果皮内部可观察到薄膜状的种皮,它对胚的保护作用已被果皮及其他附着物所代替。

在成熟的种皮细胞中,一般不含有原生质,因此细胞是没有生命的。当种子干燥以后,细胞间隙中充满着空气,增强透气性。如种子放在高湿条件下,则种皮细胞会重新吸水而膨胀密接,使透气性减弱。

4. 种子表面的胚珠遗迹

种子由胚珠发育而来,所以在成熟的种子表面仍然保留着胚珠时期的遗迹。这些遗迹有的很明显,用肉眼就可观察清楚,有的很微小,须借助于放大镜才能看清。

(1)发芽口　又称"种孔",是胚珠时期珠孔的遗迹。在种子上的位置,正好对着种皮里的胚根尖端。当种子吸足水分,开始萌动时,胚根首先从这个小孔伸出种皮外部。蚕豆和菜豆等大粒种子的发芽口在吸胀后很明显,另一些作物种子的发芽口很不明显,但种子吸胀以后,用手指轻挤,可看到小水滴从小孔中冒出来。有果皮包着的子实,发芽口不易观察到,但可通过解剖方法,根据胚根所在部位确定它的位置。

(2)种脐　简称脐,是种子成熟以后从珠柄上脱落所留下的疤痕。脐的颜色和组织与种皮不同,用肉眼观察很方便。特别是豆科作物的种子,脐形状大小,因属种不同而有很大差异。例如:蚕豆的脐呈粗条状,黑色或青白色,位于种子较大的一端;菜豆的脐呈卵圆形,白色或边缘带有其他颜色;大豆的脐有圆形、椭圆形、卵形及长方形等,颜色从黄白色到黑褐色都有。脐在种子表面上部位的高低亦随作物属种而不同,有的突出于种皮之上,有的与种皮相平,有的凹入种皮以下。在检验上,脐的性状是鉴定种子真实性和区别品种的重要依据(图 2-4)。

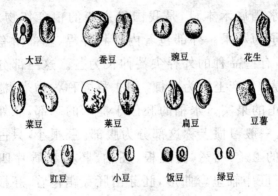

图 2-4　豆类种子的脐

（3）脐条　又称种脊或子脊,是倒生或半倒生胚珠从珠柄通到合点的维管束遗迹。棉花、蓖麻以及某些豆类种子在种皮上可观察到细长的脐条,其位置因作物类型而不同。

（4）内脐　内脐是胚珠时期合点的遗迹,即脐条的终点或维管束的末端,通常呈微小的突起,在棉花、蚕豆和蓖麻种皮上很明显。

(三)主要农作物种子的形态构造

在农业生产上,具有较高经济价值的植物约有几百种,可统称为农作物。其中和人类生活关系最密切的是粮食作物、油料作物和工艺作物。现列举几种最主要的作物种子作为代表,将其形态构造分述于下。

1. 水　稻

水稻属禾本科,是我国最主要的粮食作物之一。其种子为颖果。外部包着内稃和外稃,基部附有一对护颖,有些品种的外稃尖端伸长为芒。这三部分总称为稃壳,生产上称为砻糠。剥去稃壳称为糙米,糙米才是真正的果实。水稻的胚位于糙米的基部,靠外稃的一侧,一般习惯上称这部分为腹部。胚很小,只占全粒重量的 2%～3%,由胚根、胚轴、胚芽和盾片四部分组成。胚中轴呈弯曲形,胚芽由胚芽鞘包着,胚根由胚根鞘包着,盾片位于胚和胚乳之间,相当于单子叶(图2-5)。

2. 小　麦

小麦也属于禾本科,种子为颖果,由皮层、胚乳和胚三部分组成。普通小麦外部所包的稃壳在收获时已经脱去。另有几种小麦,如斯卑尔脱小麦、莫迦小麦、

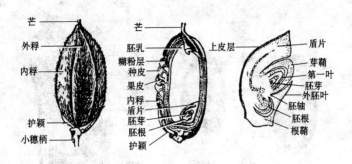

图 2-5 水稻种子的形态构造

左:种子外形　中:颖果纵切面　右:种胚

二粒小麦等种子和水稻一样,外部有稃壳包牢。小麦种子的腹面有一条纵沟,称为腹沟。胚在种子的背面基部,种子的另一端有茸毛。腹沟的宽狭以及茸毛的状况,因品种而不同。小麦胚的构造基本和水稻相同(图 2-6)。

3.玉　米

玉米也属于禾本科作物,但子粒大,是一颗完整的颖果。子粒的最外层为果皮,在子粒顶端有花柱遗迹。透过果皮种皮,可清楚地看到内部的胚和胚乳。玉米的胚特别大,可占整个子粒的 1/3～1/4(图 2-7)。

玉米子粒的基部有果柄,但易脱落,不连在子粒上。果柄脱落处有褐色层,这层色素通常在成熟后期逐渐形成。

玉米子粒的形状大小在不同类型和品种间差异很大,即使来自同一果穗上的种子,亦因着生部位不

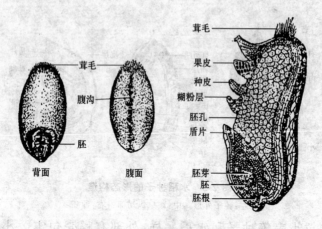

图 2-6　小麦种子的形态构造

左:种子外形(背面)　中:种子外形(腹面)　右:种子纵切面

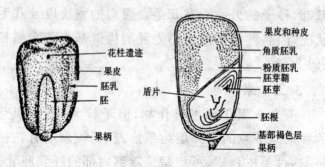

图 2-7　玉米种子的形态构造

左:种子外形　右:种子纵切面

同,其粒形和大小也很不一致。一般着生在果穗中部的子粒比较典型,能代表品种特征,顶部子粒偏瘦小,基部子粒偏大而形状不规则。

4.大 豆

大豆是豆科作物的典型代表,其种子由种皮和胚所组成。胚乳退化,子叶很发达,胚根、胚轴和胚芽占很小的比例。在种子侧面的种皮上可以观察到脐、脐条、内脐和发芽口(图2-8)。大豆的种皮光滑而且相当坚韧,由许多层细胞组成,最靠内面的若干层为海绵细胞,具有很强的吸水力。

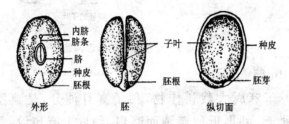

图 2-8　大豆种子的形态构造

5.花 生

花生也是豆科作物,但种子形态和种皮结构与大豆相差很大。花生种子表面包着一层脆薄的光滑种皮,呈肉色或粉红色。种皮上分布着许多维管束。花生种皮的细胞结构和一般豆类种子不同,干燥时,很容易破裂脱落,保护种子的功能较差,因此生产上花生多带壳贮藏,有利于保持种子的生活力。

花生也属于无胚乳种子,两片子叶很发达,胚根、胚轴、胚芽位于一直线上,着生在子叶的基部,夹在两片肥厚子叶之间。在胚芽的两侧各有一对真叶,发育很完全,可观察到四片小叶,呈羽状排列,重叠在一起。胚芽短小,下胚轴粗壮,其末端为胚根,发芽后易于区分(图 2-9)。

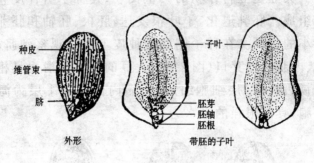

种皮
维管束
脐
外形

子叶

胚芽
胚轴
胚根
带胚的子叶

图 2-9　花生种子的形态构造

6. 蓖　麻

蓖麻属大戟科作物,种子富有油分,是典型的油质种子。外形近似椭圆而略扁,种皮上有斑纹,呈棕红色,富有光泽。种脐在基部,其附近有一个突起,称为"种阜",为蓖麻种子重要特征之一。靠近种子顶端处有"内脐",脐和内脐之间有一条维管束连接起来,称为"脐条"或"子脊"。种皮分内外两层,内胚乳很发达,其中包着一个胚。外种皮坚硬角质,内种皮质薄而柔软。种皮内部紧贴内胚乳,在胚乳细胞中含有丰富的油脂和糊粉粒,糊粉粒中含有蛋白质晶体和小球体。蓖麻的胚被内胚乳所包围,发育完全。胚芽、胚轴和胚根连在一起,粗壮短小,界限不易区分。两片子叶很薄,平展在内胚乳中间,在子叶上可看到清晰的脉纹(图 2-10)。

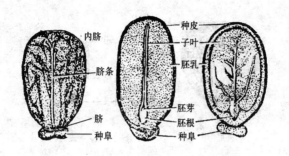

图 2-10　蓖麻种子的形态构造

左:种子外形　中:与宽面垂直的纵切面　右:与宽面平行的纵切面

7. 油　菜

油菜属十字花科作物,种子和蓖麻一样,是真种子,包括种皮和胚两部分。子叶薄,略呈心脏形,两片重叠而对褶,将胚根包裹在里面,下胚轴和胚根较发达,呈棍棒状。在子叶的周围,有薄薄一层内胚乳遗迹。

油菜种子比上述各种种子小得多。如用放大镜观察,在种皮上可看到细小的圆形斑纹和种脐。发芽口很小,不易辨认(图 2-11)。

8. 棉　花

棉花属锦葵科作物,果实为大型蒴果,分 3～5 室,内含种子多粒。种子具坚厚的种皮和发达的胚。种子腹面有一条纵沟,即脐条,或称"子脊"。种子尖端部分为种柄及脐,即种孔所在部位,在脐条的另一端为合点的遗迹,即内脐。

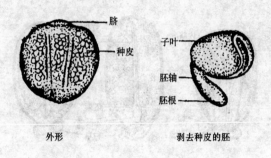

外形	剥去种皮的胚

图 2-11 油菜种子的形态构造

棉花种子的外胚乳和内胚乳均仅存残迹,各由一列细胞组成。其内为一对子叶,折叠在一起,成多层不规则皱褶,填满在种皮的内部。子叶上有许多深褐色的腺体,内含棉酚。子叶的组织细胞内部都充满着糊粉粒及油脂(图 2-12)。

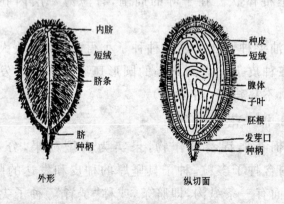

外形	纵切面

图 2-12 棉花种子的形态构造

9. 黄　麻

黄麻属椴树科植物,果实为小型蒴果,分成若干室,其内含多粒种子。种子呈楔形或不规则形,种脐位于较钝的一端,其另一端为发芽口,种皮色泽因类型而不同,圆果种的种皮呈深褐色,长果种的种皮呈墨绿色。种子小,千粒重为3～3.5克。

黄麻种子为真种子,包括种皮、内胚乳和胚三部分。种皮坚固,内胚乳相当发达,胚较大,两片子叶重叠而稍带弯曲,富含脂肪与蛋白质(图2-13)。

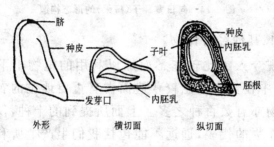

图2-13　黄麻种子的形态构造

10. 向日葵

向日葵属菊科一年生植物,种子是一种典型瘦果,略呈尖舌形,通常称葵花子。其外部为果皮,木质化而质地疏松。果皮表皮有纵条纹,呈白色或黑褐色,因品种而不同。种皮脆薄、膜状,包着狭长的胚。胚的两片子叶比较发达,富含油分,胚中轴粗短,胚乳退化,只残留痕迹(图2-14)。

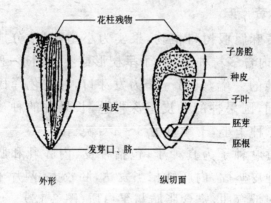

图 2-14　向日葵种子(瘦果)的形态构造

外形　　　　　　纵切面

花柱残物

子房腔

种皮

子叶

胚芽

胚根

果皮

发芽口、脐

11. 其他经济作物

现今人类比较熟悉而加以利用的植物不下数千种,其中在生产上比较普遍而占有重要地位的农田园林作物亦有数百种之多。上面所提到的十种,仅仅是主要作物的代表,远远不能包括我们生产上所利用的和日常生活中所必需的各种植物。因此,这里再按不同类别每类列举具有代表性的农作物种子若干种,分别用简图表明其形态特征,以供参考。

(1)粮油作物类　大麦、蚕豆、荞麦、芝麻种子,见图 2-15 至图 2-18。

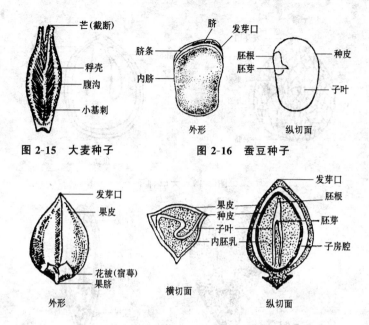

图 2-15 大麦种子

图 2-16 蚕豆种子

图 2-17 荞麦种子

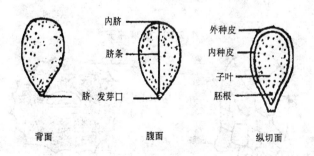

图 2-18 芝麻种子

　　（2）工艺作物类　大麻、亚麻、烟草、甜菜见图 2-19 至图 2-22。

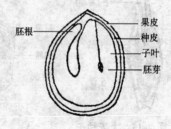

外形　　　　　　　　　　　　纵切面

图 2-19　大麻种子

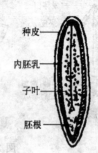

外形　　　　　　　　　　　　纵切面

图 2-20　亚麻种子

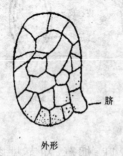
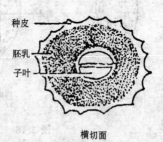

外形　　　　　　　　　　　　横切面

图 2-21　烟草种子

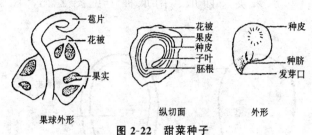

果球外形 纵切面 外形

图 2-22 甜菜种子

（3）绿肥类 紫云英、田菁种子，见图 2-23，图 2-24。

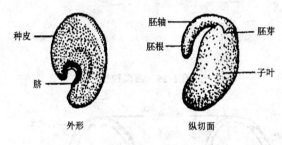

外形 纵切面

图 2-23 紫云英种子

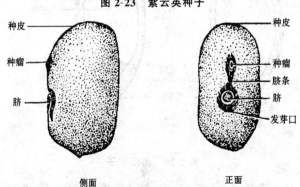

侧面 正面

图 2-24 田菁种子

（4）瓜果类　西瓜、南瓜种子见图 2-25，图 2-26。

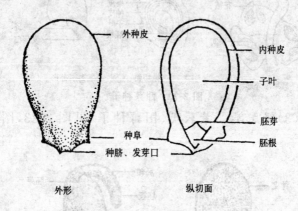

外种皮　　内种皮

子叶

胚芽

胚根

种阜

种脐、发芽口

外形　　　　纵切面

图 2-25　西瓜种子

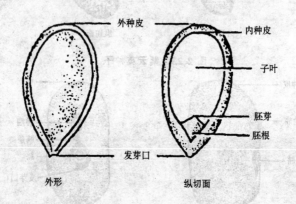

外种皮　　内种皮

子叶

胚芽

胚根

发芽口

外形　　　　纵切面

图 2-26　南瓜种子

（5）蔬菜类　莴苣、胡萝卜、番茄、葱、茄子种子，见图 2-27 至图 2-31。

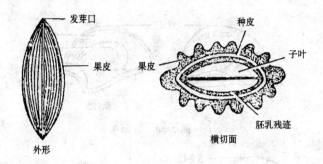

图 2-27　莴苣种子

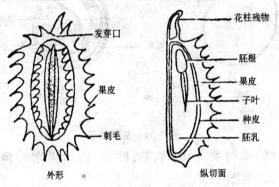

图 2-28　胡萝卜种子

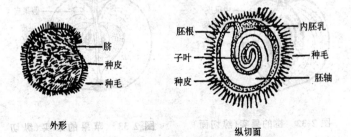

图 2-29　番茄种子

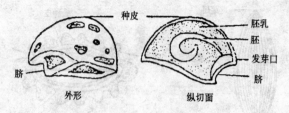

图 2-30 葱种子

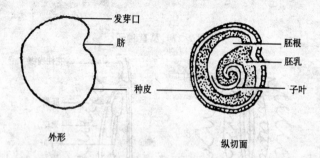

图 2-31 茄子种子

（6）果树类 桃、苹果、椰子、柿的果实和种子,见图 2-32 至图 2-35。

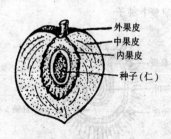

图 2-32 桃的果实（纵切面）和种子

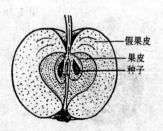

图 2-33 苹果的果实（纵切面）和种子

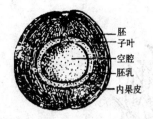

图 2-34 椰子的果实和种子纵切面

图 2-35 柿种子的纵切面

（7）林木类 松、杉、紫杉、银杏（白果）种子，见图 2-36 至图 2-39。

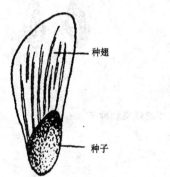

图 2-36 松种子（有种翅）

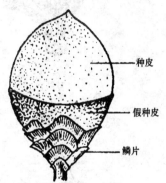

图 2-37 紫杉的种子（有假种皮）

这里必须特别指出，了解种子的形态特征和组织构造是做好种子鉴定工作的一项基本功。但由于作物种类繁多，其形态特征往往因产地的生态条件和农业栽培技术的影响而产生一定程度的变异，因此，必须接触实物，注意观察，不断积累，逐步深入，以提高鉴别能力，达到正确熟练的水平，俗称："熟能生巧"。

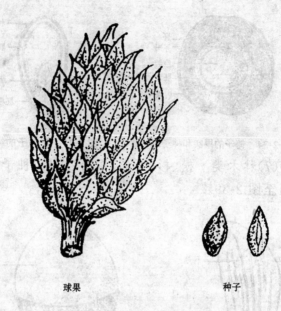

球果   种子

图 2-38 杉的球果和种子

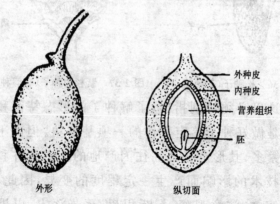

外形   纵切面

外种皮
内种皮
营养组织
胚

图 2-39 银杏种子

· 30 ·

三、种子质量检验技术

农业生产上最大的制约因素之一是播下的种子没有生产潜力,不能使所栽培的品种获得丰收。种子检验工作就是在播种前评定种子的播种品质,使这种威胁降到最低限度。确定一批种子是否符合生产需要,必须首先检验该批种子的生活力,生活力已经丧失的种子在农业生产上没有利用价值。严格地说,即使生活力尚未完全丧失,但已经表现衰退趋势的种子,即低活力的种子,亦不适用于农业生产。什么是生活力,什么是活力呢?

生活力是指种子的胚有无生命力,也就是活与死的问题,它表明质的差异。通常通过发芽试验,测得发芽势和发芽率,用发芽势和发芽率来表示种子生活力。发芽势指发芽试验初期(规定日期)正常发芽种子数占供检种子数的百分率(%)。萌发速度快,发芽整齐的,生活力强。发芽率指发芽试验终期(也有规定日期),全部发芽种子数占供检种子数的百分率(%)。发芽率高表示有生命力的种子多,生活力高。

活力是指种子所具有生命力的健壮程度,也就是强与弱的问题,它表明量的差异。活力是种子在发芽和出苗期间的活性强度以及幼苗性状等种子特性的综合表现。表现良好的称做高活力种子,表现差的为低活力种子。种子活力一般用简易测定法测定,以简化活力指数来表示。

简化活力指数=发芽率×单苗平均根长(或芽长)

种子是有生命的,检验所采用的方法必须以种子科学知识和种子检验工作积累的实践经验为基础,要力求准确并能重复。

(一)种子净度检验

种子净度是净种子重量占种子样品重量的百分率。由此推测这批种子的组成,确定这批种子的纯净度。

1.净度分析一般原则

将检验样品分成三个组成部分:净种子、其他植物种子、无生命杂质。分离检验样品中各种成分时,可用徒手方法,也可用辅助仪器,如筛子、鼓风器、吹风机等。试验样品称重的精确度,即称重记录所取的小数位数规定如表 3-1 所示。

表 3-1　样品称重精确度和记录小数位数

试验样品重量（克）	小数位数
1.000 以下	4
1.000～9.999	3
10.10～99.99	2
100.0～999.9	1
1000 或 1000 以上	0

种子净度的计算法是：净种子重量除以检验样品重量，将其商数乘以 100，即折算为百分率，保持到一位小数。例如：这批种子共 100 克，净种子为 95.5 克，其他植物种子为 3.5 克，无生命杂质为 1 克，则净种子为 $\frac{95.5}{100} \times 100\% = 95.5\%$，其他植物种子和无生命杂质为 4.5%。

2. 净度检验取样数量

取样时用扦取。"扦"是用金属或竹、木制成的一头尖的用具。取样时将扦插进去，叫"扦"。

取样数量根据样品重量确定。

500 千克以下：至少扦取 5 个样品。

501～3 000 千克：扦取 5～10 个样品，不得少于 5 个。

3 001～20 000 千克：扦取 10～40 个样品，不得少

于 10 个。

20 001 千克以上:扦取 40 个以上样品,不得少于 40 个。

对袋装(或容量相似而大小一致的其他容器)种子,下列的扦样取样数量应作为最低要求:

5 袋以下:每袋都扦取,并一律至少取样 5 个。

6～30 袋:扦取 5～10 袋,取样 5～10 个,不得少于 5 个。

31～400 袋:扦取 10～80 袋,取样 10～80 个,不得少于 10 个。

401 袋以上:扦取 80 袋,取样 80 个以上。

(二)种子发芽

种子是植物个体发育中的一个阶段,是期待着继续生长发育的新个体。在贮藏期间,由于受种种因素的限制,表现暂时的相对静止状态,一旦遇到适宜条件,胚部细胞就很快重新活跃起来,显示出强大的生命力。种子能否正常发芽是衡量种子是否具有生活力的直接指标,也是决定田间出苗率的最重要因素。农业生产上所用的种子,不仅要求它具有旺盛的生活力,还要求它能在规定时期内和适宜条件下发芽迅速而整齐,并能达到较高的发芽率。种子发芽所牵涉到的因素十分复杂,在农业生产上应该全面考虑,以保证农作物生长发育有一个良好的开端。

1. 种子萌发过程

种子萌发就是指最幼嫩的植物(幼胚)恢复了正常生命活动,幼根幼芽穿破种皮,并向外伸展的现象。种子萌发过程大致可以分为以下三个阶段。

(1)吸胀 种子发芽之前,必须首先吸水膨胀称为吸胀。要注意种子吸胀是由于胶体性质所产生,不能作为种子开始萌动的标志。因为死种子虽已失去生命力,但仍然是一种胶体物质,对水分同样有吸收力,因此也同样能吸胀,有时死种子的胚根也同样能突破种皮,这种情况称为"假发芽"。所以,鉴定种子是否真正发芽,必须根据一定的标准。反过来说,虽然是活的种子,有时由于种皮不透水,反而不能吸胀,如硬实就属于这种情况。可见种子是否能吸胀,不能作为判别种子是否有生活力标志。

(2)萌动 种子在吸胀过程中,胚部细胞的新陈代谢趋向旺盛。经过相当时间,胚的体积增至一定限度,就顶破种皮而伸出,这就是种子的萌动,生产上一般称为"露白"或"破嘴"。在通常情况下,首先冲出种皮的是胚根,因为它的尖端对着发芽口,比其他部分优先吸水,生长开始也就最早。在水分供给不很充足的情况下,胚根先出,胚芽迟出的现象更为明显。

种子一开始萌动,对外界环境条件就具有高度的敏感性,如遭受到异常环境条件或各种因素的刺激,就会引起生长发育异常,生活力降低,甚至死亡。但在适当范围内,给予或改变某些条件,可能对促进发芽、生长有不同程度的效应。

（3）发芽　种子萌动后,胚部细胞继续分裂,生长速度加快,至胚根、胚芽伸出种皮达到一定长度时,就认为种子已经发芽。如禾谷类种子当胚芽长度达种子长度的一半,胚根与种子等长时,就认为达到发芽标准。种子在此期间新陈代谢极为旺盛。呼吸强度达最高限度,如供给的氧气不足,就会引起新陈代谢失调,这是由于缺氧呼吸而产生乙醇,严重时能使胚窒息麻痹以至死亡。在催芽不当或播种以后受到不良环境条件的影响,往往会发生这种情况。例如播种大豆、花生及棉花等大粒种子时,若土质粘重,覆土过深,土壤板结,则种子萌动后,由于氧气供应不足,生长受阻,幼苗不能顶出土面,就会导致死亡腐烂,造成缺苗。

种子发芽时,幼苗伸出土面,表现出两种不同的情况,一种是子叶出土,另一种是子叶不出土,又称子叶留土。

子叶出土:这类种子发芽时,下胚轴特别延长,初期弯曲成弧状。拱出土面后,就逐渐伸直,使子叶脱离种皮而迅速展开（图3-1至图3-3）。子叶见光转绿,能营光合作用,以后子叶间的胚芽伸长发出真叶。属于子叶出土型的主要有棉花、油菜、大豆、花生、向日葵等作物。花生的下胚轴粗而短,子叶一般刚能露出土面,如覆土太厚,则不能出土。下胚轴的长度和生长快慢与出苗率有密切关系,如大豆中有的品种下胚轴特别长,出苗率很高,这样的品种是珍贵的原始材料。

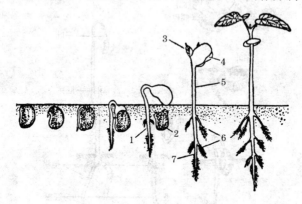

图 3-1　菜豆幼苗出土情况(子叶出土型)
1.胚根　2.种皮　3.胚芽　4.子叶　5.胚轴　6.支根　7.直根

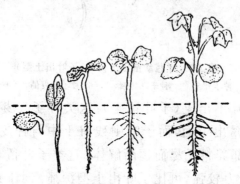

图 3-2　棉花幼苗出土情况(子叶出土型)

　　某些植物的出土子叶与后期的生育有关。如棉花的子叶受到损害时,会减少结铃;丝瓜的子叶受到损伤,对子房会产生抑制作用。所以,间苗时注意不要损伤子叶。

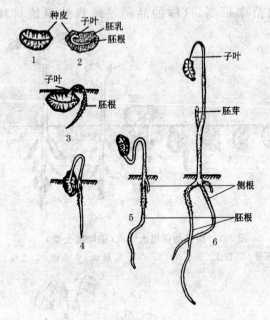

图 3-3 洋葱幼苗出土情况（子叶出土型）

1. 种子外形　2. 种子纵切面　3～6. 种子萌发的各个阶段

子叶不出土（子叶留土）：这类种子发芽时，上胚轴伸长露出土面，而子叶则残留土中与种皮不脱离，直至内部养料耗尽而逐渐解体。这类子叶留土型的种子，穿土力较强，可比子叶出土型深播。属于这一类的有水稻、小麦、玉米等大部分单子叶植物和一部分双子叶植物，如蚕豆、豌豆等（图3-4至图3-7）。这类双子叶植物的种子大多数具肥厚的子叶。

花生介于子叶出土和不出土之间，属中间型。

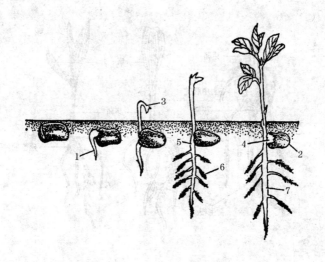

图 3-4　蚕豆幼苗出土情况（子叶不出土型）

1.胚根　2.种皮　3.胚芽　4.子叶　5.胚轴　6.支根　7.直根

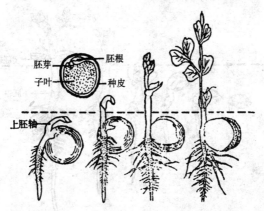

图 3-5　豌豆幼苗出土情况（子叶不出土型）

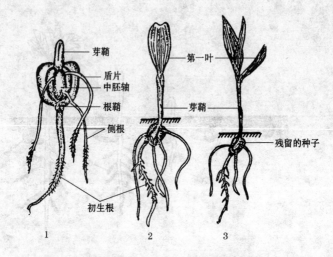

芽鞘
盾片
中胚轴
根鞘
侧根
初生根
第一叶
芽鞘
残留的种子

1　　　　2　　　　3

图 3-6　玉米幼苗出土情况（子叶不出土型）

1. 伸出的初生根、侧根和芽鞘　2. 从芽鞘伸出第一叶　3. 幼苗

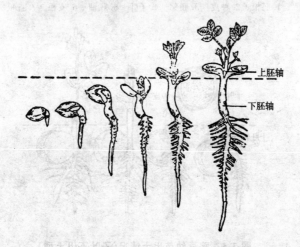

上胚轴
下胚轴

图 3-7　花生幼苗出土情况（中间型）

2. 种子萌发的条件

不同的作物或不同品种的种子,萌发时对外界环境条件的要求和敏感性是不同的。甚至同一品种的不同籽粒,由于生理状态不一致,出苗也不整齐。因此,了解各种作物萌发的条件和要求,以便控制这些条件,具有重要的意义。

一颗种子要能正常发芽,必须具备两方面的条件,即内在的生理条件和外在的生态条件。内在的生理条件主要包括种子成熟度、饱满度和种子新陈度(年龄),还有生活力、活力和休眠状态以及硬实等。外在条件主要包括种子贮藏的条件以及发芽时水分、温度、氧气三个基本因素,有时还需考虑到光、二氧化碳、酸碱度、微生物等其他因素。这些条件不仅同发芽力和发芽整齐度有关,并可进一步影响幼苗的壮弱和生长发育状况。

(1)水分 发芽前,植物种子必须吸取一定量的水分,才能开始萌动。吸水的最低限度,因作物种类而不同。含淀粉较多的种子比含蛋白质较多的种子需水量低,因此禾谷类作物种子在萌发前所吸取的水分,一般远较豆类作物种子为少。此外,发芽势低的种子,萌发所需的最低水量较大,见表 3-2。

表 3-2 作物种子发芽时的最低需水量

作物种类	最低需水量(%)	作物种类	最低需水量(%)
稻	22.6	向日葵	56.5
小 麦	60.0	大 麻	43.9
大 麦	48.2	亚 麻	60.0
黑 麦	57.7	棉 花	50.0
燕 麦	59.8	大 豆	107.0
玉 米	39.8	豌 豆	186.0
荞 麦	46.9	蚕 豆	157.0
油 菜	48.3	甜 菜	120.0

注:指吸收的水分占种子原重的百分率

各种农作物种子可以根据其发芽时最低限度的需水量分成 5 个等级(表 3-3)。

表 3-3 农作物种子发芽时最低需水量分级

需水量等级	需水百分率(%)	作物名称
特 低	25 左右	水稻
低	40~50	玉米、荞麦、大麦、油菜、大麻
中	55~60	小麦、燕麦、黑麦、向日葵、亚麻
高	100~120	大豆、甜菜
特 高	150 以上	豌豆、蚕豆

在同样的土壤中,各种作物种子的吸水力并不一

致。从大多数情况看来,种子吸水力强,活力也较强,其适应能力、抗逆能力以及生产潜力也都有较强的趋势。因此,测定一批种子的吸水力,在生产上具有一定的实践意义。

测定种子吸水力的方法,可用纯蔗糖配制不同浓度的溶液,用来进行发芽试验,以种子能达到原来发芽率的半数时的蔗糖溶液浓度作为吸水力的指标(例如在水中发芽时发芽率90%,则45%发芽率时蔗糖的浓度即为指标)。蔗糖溶液浓度越高,表示种子的吸水力愈强。

(2)温度 种子发芽要求一定的温度,各种作物种子发芽的最低、最高、最适温度不同,简称为种子发芽温度三基点(表3-4)。一般喜温性作物的种子发芽要求较高的温度 ,耐寒性作物的种子发芽要求较低的温度。对大多数作物种子来说,发芽的最低温度在0℃～10℃之间,最适温度在25℃～35℃之间,最高温度在35℃～40℃之间。对不同作物的种子来说,要求温度的幅度存在很大差异。例如油菜种子的发芽适温比较宽,即使在夏季炎热的气候条件下,也能正常萌发。蚕豆种子恰好相反,发芽的适温范围相当小,当气温达30℃以上,或降到20℃以下,都不能正常发芽。同样,大麦、小麦在30℃以上高温条件下,也不能达到正常的发芽率。另外,有些种子在恒温中发芽不良,而在变温中发芽良好。

表 3-4 农作物种子发芽温度的三基点

作物种子	最低（℃）	最适（℃）	最高（℃）
水　稻	8～14	30～35	38～42
高粱、粟、黍稷	6～7	30～33	40～45
玉　米	5～10	32～35	40～45
麦类（大麦、小麦、燕麦、黑麦）	0～4	20～30	38～40
荞　麦	3～4	25～31	37～44
棉　花	10～12	25～32	40
大　豆	6～8	25～30	39～40
小　豆	10～11	32～33	39～40
菜　豆	10	32	37
蚕　豆	3～4	20～25	30～32
豌　豆	1～2	25～30	35～37
紫云英	1～2	15～30	39～40
黄花苜蓿	0～5	31～37	37～44
圆果种黄麻	11～12	20～35	40～41
长果种黄麻	16	25～35	39～40
亚　麻	2～3	25	30～37
向日葵	5～7	30～31	37～40
油　菜	0～3	15～35	40～41
南瓜、黄瓜	12～15	31～37	40
甜　瓜	16～19	30～35	45

作物种子	最低（℃）	最适（℃）	最高（℃）
西　瓜	20	30～35	45
辣　椒	15	25	35
葱蒜类	5～7	16～21	22～24
萝　卜	4～6	15～35	35
番　茄	12～15	25～30	35
芸薹属蔬菜	3～6	15～28	35
芹　菜	5～8	10～19	25～30
胡萝卜	5～7	15～25	30～35
菠　菜	4～6	15～20	30～35
莴　苣	0～4	15～20	30
茼　蒿	10	15～20	35
烟　草	10	24	30
杉	8～9	20	30
赤　松	9	21～25	35～36
扁　柏	8～9	26～30	35～36

　　（3）氧气　种子在休眠期间进行微弱的呼吸作用，只需少量氧气；处在静止状态干燥的种子，呼吸也极为微弱。但在种子发芽时，吸收了水分，内部的生化过程大大加强，对氧气的需要也随之激增。

　　各种作物种子发芽时需氧程度不同。长期生长在水田的水稻比生长在旱地的麦类需氧少得多。棉花、大豆种子比玉米、水稻、小麦种子的萌发需要更多的氧。蔬菜种子萌发通常需要氧气浓度在 10% 以上，至少 5%。黄瓜、葱在较低的氧中也能发芽，但芹菜和萝卜特别敏感，在 5% 的氧浓度下，几乎不能萌发。

(4)二氧化碳　通常在大气中只含 0.03% 的二氧化碳，对作物种子发芽无显著影响。如二氧化碳含量增至一定浓度，则使胚部细胞麻痹，对发芽起阻碍作用，二氧化碳太浓时完全不能发芽，如大麦，当二氧化碳增至 12% 时，仍能正常发芽；达 17%～25% 时，就起阻碍作用；达 37% 时，就完全不发芽。当种子播种到田间，如排水不良，积水过多或土质粘重板结，通气不良，就容易造成缺苗。因为在这些情况下，氧气不足而二氧化碳积累过多，往往使种子窒息而死，以致腐烂。

(5)光　一般种子发芽时是否有光，关系不大，但有少数种子，必须在光照下或经过一段光照时间才能顺利萌发。因此，根据种子发芽对光的反应情况，可将其分成三类。

①发芽时必需有光：对光有良好反应，发芽时见光有促进作用或光可促进发芽。如烟草、莴苣、芹菜、水浮莲，许多禾本科植物，伞形花科（许多种）植物和林木种子。

②对光反应不敏感：大多数作物种子属这类。

③光抑制发芽：对光起不良反应，发芽时有光起抑制作用，如苋科和百合科的某些植物。

种子发芽对光要求的程度往往因其他因素而发生改变。例如:莴苣种子在 20℃ 以上时,对光很敏感,而低于 20℃ 时,则不论有光无光,均能发芽。有些种子在低温下要求光照,而在高温下就不需要,在黑暗中亦能发芽。一般情况下,种子在低温下发芽较高温下更需强光,而在强光下,种子的发芽最适温度亦较低。可见光与温度有相互补偿的作用。有时用赤霉素处理种子亦可消除对光照的需要。

3. 主要作物种子的萌发特性

(1)稻谷种子的萌发特性 稻谷颖果外部包着内、外稃。在稻壳表面着生许多短毛。稻壳的外表皮由大型的厚壁细胞所组成,其内部为排列紧密的皮下组织。最外部为果皮,由多层细胞组成,其内部为种皮和珠心遗迹,均带有角质层。稻谷的这些形态特征,对发芽前吸水过程起障碍作用。因此稻谷的吸水速率比较缓慢,因而显著影响整个发芽过程。但发芽的最低需水量远较其他种子为低,当它吸水达到它本身重量的 23% ~ 25% 时就开始萌发。陆稻比水稻吸水快,籼稻比粳稻吸水快,发芽迅速。稻谷吸水速率在 0℃ ~ 10℃ 范围内,随水温提高而加快,到 15℃ 以上,就不很明显。水温 10℃ 浸种 90 小时可以吸足,水温 30℃ 则 40 小时达到饱和状态。

稻谷发芽的适宜温度,粳稻为 30℃,籼稻较粳稻偏高,为 30℃ ~ 35℃;发芽最低温度为 8℃ ~ 14℃;最高温度为 38℃～42℃。温度太低,发芽停滞,引起烂芽;温度太高,发芽不正常,使幼芽灼伤死亡。当温度急剧上升时,这种情况特别严重,在生产上叫做"烧苗"现象。

水稻在缺乏光线的情况下,同样可以发芽生长,但光照对中茎、芽鞘以及幼根的徒长都有抑制作用,因而光仍为稻谷初期生长所必需。

(2)大麦、小麦种子的萌发特性 大麦、小麦也是禾谷类中的主要作物,适于较低温度条件下栽培,并且在萌发特性上很相似。发芽的最低需水量为种子本身重量的 50%～60%。小麦由于种及品种间的胚乳特性不同,发芽最低需水量的变异幅度比较大。在发芽温度方面,大麦萌发对温度的要求较不严格,需要 15℃～30℃,而小麦适宜温度则为 20℃～28℃。这两种作物的种子萌发时都不耐高温,当温度在 30℃以上时,发芽率就随温度升高而降低,在高温季节测定大、小麦种子的发芽率就比较困难。另一方面,这两种作物发芽最低温度都相当低,为 0℃～4℃。一般品种的发芽最低温度为 2℃,当然,在这种低温条件下,发芽速度是很慢的。

大麦、小麦种子萌发对氧的要求较为严格,在淹水条件下,种子完全不能发芽。小麦种子在氧分压20.8 时,发芽率为 100%,而氧分压 5.2 时,降低至87%。大麦种子在休眠结束后,进行发芽试验,水分必须供应适当,种子才可达最高发芽率。

(3)棉花种子的萌发特性 棉籽发芽所需温度较高,其最低温度为 10℃～12℃,最适温度为 25℃～32℃,最高温度为 40℃。当气温稳定在 15℃以上时播种,田间发芽才能比较整齐迅速,并可获得较高的发芽率。

棉籽含有大量的脂肪和蛋白质,在萌发时这类贮藏物质的转化需大量氧,而且两片子叶顶出土面时,又需消耗很多的能量,因此棉花对缺氧显得特别敏感,发芽时水分不可过多。发芽试验时,宜用沙床或土床,不宜用纸床。

棉籽发芽时,需吸收相当于本身干重的水分,才能开始萌发,因此它的发芽最低需水量远远超过禾谷类作物的种子。

棉籽外被短绒,种皮结构非常致密,表面附有薄层蜡质,透水性较差,吸水和发芽均比较缓慢。如果采用硫酸脱绒处理或"三开一凉"浸种处理,则可大大加速种子的萌发和提高种子的发芽率。

(4)大豆种子的萌发特性 大豆种子发芽要求的温度因品种和产地不同而有很大差异,有些品种在 20℃～25℃萌发较好,发芽率较高,而有些品种的发芽最适温度却高达 34℃～36℃,一般以 25℃～30℃为好。大豆种子发芽的最低温度为 6℃～8℃,最高温度为 39℃～40℃。

大豆种子中蛋白质含量很高,其萌发最低需水量高达 107%,远远超出禾谷类种子和油料作物种子,但较豌豆和蚕豆种子最低需水量却低得多。

大豆发芽时对氧的要求较高,发芽试验宜用沙床。

(5)林木和果树种子的萌发特性 许多林木和果树的种子从母株采收后,尚未完成生理成熟,需在湿润和低温条件下通过后熟期,才能正常萌发。如茶、油茶、板栗、核桃、银杏、栎、白蜡、榛子、红松等。

(三)发芽试验

取一定量种子,在室内进行试验,检测种子的发芽力(以种子发芽势和发芽率表示),发芽力高的种子质量好。最终目的是要了解关于种子的田间种用价值,就是要知道这批种子播种在田里,能否发芽出苗?幼苗是否健壮?根据发芽率计算田间实际播种量。对发芽率低的种子,不要使用,以免因大量缺苗而重播、补播,延误农时,造成浪费。种子发芽试验一般在室内进行,因室内试验比田间试验条件易控制、稳定,可不受自然生态因素的影响,试验结果具有可靠的重演性。

1.发芽试验的设备

(1)发芽床 是发芽时托放种子并供给种子萌发

水分的衬垫物。发芽床要用无毒物质制作,有毒物质会抑制种子萌发;吸水和持水性好,能供给种子萌发所需的适宜水分和提供通气条件。发芽床使用前首先必须经过消毒,使其无菌、无虫和虫卵。其次要求 pH 值在 6～7.5 范围内,过酸、过碱对种子发芽均不利。常用的发芽床有滤纸或吸水纸、纱布、毛巾、沙、蛭石、土壤、海绵等。根据作物不同,子粒大小不同,发芽周期长短不同选择适宜的发芽床。

①纸床:可用滤纸、吸水纸、卫生纸等,要求纸质坚韧有一定强度。发芽皿内放 2～4 层纸,纸要先折成褶裥状加适量水,种子放在褶裥内发芽。纸床多用于中、小粒种子的发芽试验,如小麦、水稻、高粱、多数禾本科牧草、黍稷、谷子、油菜、烟草等。

②纱布毛巾床:使用前必须高温消毒,将种子放在纱布与毛巾中间,或用纱布把种子包成小包,再放到毛巾中间,加适量水后发芽,一般多用于蔬菜和甜菜种子。

③沙床:要求沙粒均匀,其直径在 0.5～0.8 毫米之间。用前洗净烘干,重复使用时须高温消毒,种子放沙上,然后压入沙的表层;也可将种子放湿沙上,然后再加上一层松散的干沙。沙床厚度视种子大小而定,大粒种子可厚些。沙床多用于大粒作物种子发芽,如食用豆类、玉米、蓖麻、花生等作物种子。

④土床:要求土壤不结块,无大颗粒,不是粘土,

不含其他作物种子。使用前必须高温消毒,多用于检验或验证其他发芽试验的结果。国际种子检验协会建议,土床土壤不要重复使用,只作一次性使用。

⑤蛭石床:蛭石是建筑工业上的保温材料,在农业上多用于温室中蔬菜和花卉的无土栽培,或用于播种后盖种、繁殖扦条和育苗。有些作物(如蓖麻、薏苡、燕麦)种子采用蛭石床发芽效果好,是目前大粒种子和带皮种子较为理想的发芽床。

⑥海绵床:指聚乙烯软泡沫塑料,不仅具备发芽的基本要求,还具有重量轻,操作方便,环境清洁,易消毒和可重复使用的优点,是大豆、菜豆、苕子、西瓜等种子较好的发芽床。

此外,还可就地取材用木屑、珍珠岩等做发芽床。总之,发芽床不仅要起托放种子的作用,更主要的是能连续不断地供给种子发芽所需水分,并能调节好水、气比例,使种子能正常吸胀、萌动和发芽。

(2)发芽箱、发芽器或发芽室 这是关键设备,可为种子发芽提供必要的温度、湿度、氧气和光照等条件。有这些设备可进行准确的发芽试验。发芽箱、发芽器在我国有好多型号,有条件的可选用。一般农村可自建一小型发芽室,它适用于大批量样品的发芽试验。在室内,人工控制一下温度(过冷、低温时生火加温即可);靠发芽床调湿度;光照靠自然光。

(3)发芽皿及发芽用具 常用的发芽皿从外形上

分有方形和圆形两种,从质地上分有玻璃和聚氯乙烯两种。直径大小有15厘米、11厘米、9厘米和6厘米等。根据作物种子的大小,选用适宜的发芽皿做发芽试验。在农村条件不足时,可用瓷碟子或玻璃片代用。其他用具和物品如镊子、标签、纸袋等,根据试验样品的多少购置。发芽用水最好用蒸馏水,如有困难,也可用洁净的自来水。

2. 发芽试验的程序和方法

首先取供试种子,经净度检验后,从净度98%(符合要求)的种子中随机取种子。中、小粒种数300~400粒,每100粒为一重复,共3~4个重复。大粒种数200粒,每50粒为一重复,共4个重复。将数好的种子装在纸袋中,并放入标签待用。接着,发芽皿用酒精消毒,放上滤纸或蛭石或沙等。选好发芽床后,根据发芽床的特性加入适量水分,滤纸床加水量以吸足水后再沥去多余水分为适宜。再将数好的种子整齐地摆放在发芽床上,子粒之间要有间隔,如用沙床或蛭石床时,需将种子轻压至与沙(或蛭石)面相平,然后在种子上撒一薄层干沙(或蛭石),放标签于发芽皿内侧,注明品种、编号、日期,然后加盖,以保持发芽皿内的湿度。

在发芽期间要经常检查发芽室(箱)的温度、湿度是否适宜,如发现偏高、偏低要及时调整。要检查发芽皿中的水分,如因蒸发使水分偏少,要立即补充。如发现有霉烂种子,要立即拿出并把拿出的霉烂粒数记录下来。如有轻度霉菌出现,可将种子冲洗,必要时重新换发芽床。各主要作物种子的发芽方法见表 3-5。

表 3-5　主要农作物及蔬菜种子的发芽方法

作物名称	发芽床	温度(℃)	初次计数 (天数)	末次计数 (天数)	附加说明,包括 破除休眠建议
洋　葱	纸上;纸间	20;15	6	12	预先冷冻
葱	纸上;纸间	20;15	6	12	预先冷冻
韭　菜	纸上;纸间	20;15	6	14	预先冷冻
芹　菜	纸上	20～30;20	10	21	预先冷冻;硝酸钾 化学处理
花　生	纸间;沙	20～30;25	5	10	去壳;40℃预先加 热
石刁柏	纸上;纸间;沙	20～30	10	28	
燕　麦	纸间;沙	20	5	10	预先加热(30℃～ 35℃);预先冷冻;赤 霉素药物处理
甜　菜	纸上;纸间;沙	20～30;20	4	14	预先洗涤(多苗品 种 2 小时;遗传单苗 品种 4 小时)
小白菜	纸上	20～30;20	5	7	
芥　菜	纸上	20～30;20	5	7	预先冷冻;硝酸钾 化学处理
欧洲大 油菜	纸上	20～30;20	5	10	预先冷冻
大头菜	纸上	20～30;20	5	14	预先冷冻
黑　芥	纸上	20～30;20	5	10	预先冷冻;硝酸钾 化学处理

作物名称	发芽床	温度(℃)	初次计数（天数）	末次计数（天数）	附加说明,包括破除休眠建议
甘 蓝	纸上	20～30;20	5	10	预先冷冻;硝酸钾化学处理
大白菜	纸上	20～30;20	5	7	预先冷冻
芜 菁	纸上	20～30;20	5	7	预先冷冻;硝酸钾化学处理
大 麻	纸上;纸间	20～30;20	3	7	
辣椒属	纸上;纸间	20～30	7	14	硝酸钾化学处理
红 花	纸上;纸间;沙	20～30;25	4	14	
鹰嘴豆	纸间;沙	20～30;20	5	8	
西 瓜	纸间;沙	20～30;25	5	14	
圆果黄麻	纸上;纸间	30	3	5	
长果黄麻	纸上;纸间	30	3	5	
甜 瓜	纸上;沙	20～30;25	4	8	
黄 瓜	纸上;纸间;沙	20～30;25	4	8	
笋 瓜	纸间;沙	20～30;25	4	8	
南 瓜	纸间;沙	20～30;25	4	8	
西葫芦	纸间;沙	20～30;25	4	8	
胡萝卜	纸上;纸间	20～30;20	7	14	
扁 豆	纸间;沙	20～30;25	4	10	

作物名称	发芽床	温度（℃）	初次计数 （天数）	末次计数 （天数）	附加说明,包括 破除休眠建议
荞 麦	纸上;纸间	20～30;20	4	7	
茴 香	纸上;纸间	20～30	7	14	
草莓属	纸上	20～30;20	7	28	
大 豆	纸间;沙	20～30;25	5	8	
棉 属	纸间;沙	20～30;25	4	12	
向日葵	纸间;沙	20～30;25	4	10	预先加热;预先 冷冻
红 麻	纸间;沙	20～30	4	8	
秋 葵	纸上;纸间;沙	20～30	4	21	
大 麦	纸间;沙	20	4	7	预先加热 (30℃～35℃);预 先冷冻;赤霉素药 物处理
莴 苣	纸上;纸间	20	4	7	预先冷冻
葫 芦	纸间;沙	20～30	4	14	
草香豌豆	纸间;沙	20	5	14	
亚 麻	纸上;纸间	20～30;20	3	7	预先冷冻
黑麦草	纸上	20～30;20	5	14	预先冷冻;硝酸 钾化学处理
丝 瓜	纸间;沙	20～30;30	4	14	
番 茄	纸上;纸间	20～30	5	14	硝酸钾化学处理

作物名称	发芽床	温度(℃)	初次计数 (天数)	末次计数 (天数)	附加说明,包括 破除休眠建议
苜 蓿	纸上;纸间	20	4	10	预先冷冻
苦 瓜	纸间;沙	20~30;30	4	14	
烟 草	纸上	20~30	7	16	硝酸钾化学处理
稻	纸上;纸间;沙	20~30;25	5	14	预先加热 (50℃);在水中浸 渍24小时
黍 稷	纸上;纸间	20~30;25	3	7	
赤 豆	纸间;沙	20~30	4	10	
多花菜豆	纸间;沙	20~30;20	5	9	
利马豆(菜豆)	纸间;沙	20~30;25	5	9	
菜 豆	纸间;沙	20~30;25	5	9	
豌 豆	纸间;沙	20	5	8	
萝 卜	纸上;纸间	20~30;20	4	10	预先冷冻
蓖 麻	纸间;沙	20~30	7	14	
黑 麦	纸上;纸间;沙	20	4	7	预先冷冻;赤霉 素药物处理
芝 麻	纸上	20~30	3	6	
粟	纸上;纸间	20~30	4	10	
茄 子	纸上;纸间	20~30	7	14	
高 粱	纸上;纸间	20~30;25	4	10	预先冷冻

作物名称	发芽床	温度(℃)	初次计数（天数）	末次计数（天数）	附加说明,包括破除休眠建议
菠 菜	纸上;纸间	15;10	7	21	预先冷冻
三叶草	纸上;纸间	20	3	7	
小黑麦	纸上;纸间;沙	20	4	8	预先冷冻;赤霉素药物处理
普通小麦	纸上;纸间;沙	20	4	8	预先加热(30℃至35℃);预先冷冻;赤霉素药物处理
硬粒小麦	纸上;纸间;沙	20	4	8	预先加热(30℃至35℃);预先冷冻;赤霉素药物处理
蚕 豆	纸间;沙	20	4	14	预先冷冻
豇 豆	纸间;沙	20～30;25	5	8	
玉 米	纸间;沙	20～30;20	4	7	

总之,种子发芽能力的强弱,是判断其质量好坏的重要指标。在播种前知道了种子的发芽率,可以保证全苗壮苗及应有的密度。简易的种子发芽方法有:普通发芽试验;毛巾卷发芽法;报纸卷发芽法等。

(1)普通发芽试验 一般用培养皿或小碟、小碗做发芽床,衬垫物可用滤纸、草纸或细沙。任意取纯净的种子3～4份,每份100粒,加少量清水置于发芽床上。培养皿上要标明品种名称、日期和编号,然后放在能保持 20℃～25℃的地方。凡是有正常幼根和幼芽的种子才算好种子。

(2)毛巾卷发芽法　适用于玉米、大豆等大粒种子。取纯净种子 3～4 份,每份 50 粒,将毛巾煮沸消毒,保持一定湿度、温度(30℃左右),毛巾摊在桌面上,将种子按 1～2 厘米距离排列在毛巾上,轻轻卷起,加上标签,保持在 20℃～25℃条件下。定期喷水,定期检查发芽势和发芽率。

(3)报纸卷发芽法　适用于中小粒种子。把整张报纸对折,折成四层,浸入清水中湿透后,取出报纸沥去多余的水分,平摊在桌面上,把数好粒数的种子均匀地摆成一长条形,四边留出适当空白,用筷子作轴卷起,抽出筷子使纸卷成中空状。纸卷的外端在浸湿前标记品种和日期。卷好的报纸卷可堆放在一起,也可平放在浅盘里,洒入少量清水,经常保持湿润状态,在 20℃～30℃条件下发芽,按规定日期检查发芽势和发芽率。

3. 识别幼苗及不发芽种子

幼苗的主要构造,在前面已讲过,主要由根系(初生根,某些情况下为种子根),幼苗中轴(下胚轴,上胚轴,有些禾本科种子的中胚轴,顶芽),子叶(1 至数枚)及芽鞘 4 部分组成。正常与不正常幼苗及不发芽的种子特征如下:

（1）正常幼苗　有三类：一类是完整的幼苗，具有发育良好的根系，发育良好的幼苗中轴；具有特定数目的子叶，有绿色、展开的初生叶，有一个顶芽或苗端。在禾本科植物中有一个发育良好直立的芽鞘，其中包一片绿叶延伸到它的顶端，最后绿叶从芽鞘伸出。另一类是带有轻微缺陷的幼苗，如初生根局部损伤或生长稍迟缓；初生根有缺陷，但次生根仍发育良好；应有三条种子根的，仅有两条；上、中或下胚轴局部损伤；子叶局部损伤，双子叶植物仅有一片正常子叶，具三片子叶而非两片子叶；初生叶局部损伤，只有一片正常初生叶（如菜豆属）或初生叶虽能正常形成，但只有正常大小的 1/4，具三片初生叶（而不是两片）；芽鞘局部损伤，芽鞘开裂，芽鞘微扭曲或形成环状，芽鞘包有一片绿叶，未延伸到鞘顶尖，但至少达到它一半长度。再一类是再次感染的幼苗，假如新代种子显然不是感染的病源，并能确定所有主要构造仍保留着，则受真菌或细菌侵害而严重腐烂的幼苗列入正常幼苗。

（2）不正常幼苗　幼苗带有以下缺陷的一种或某组合，均列为不正常幼苗。

①初生根：发育不全，粗短，停滞，残缺，破裂，从顶端开裂，缢缩，细长，卷缩在种皮内，负向地性生长，玻璃状，由初次感染所引起的腐烂，种子根只有一条或缺少种子根。

②下胚轴、上胚轴和中胚轴:缩短而变粗,不能形成块茎,深度的裂缝或破裂,中部有贯通的裂缝,缺失,缢缩,严重扭曲,过度弯曲,形成环状或螺旋形,细长,玻璃状,初次感染所引起的腐烂。

③子叶:肿胀或卷曲,畸形,破裂或其他损伤,分离或缺失,变色,坏死,玻璃状,由初次感染所引起的腐烂。

④初生叶:畸形,损伤,残缺,变色,坏死,由初次感染所引起的腐烂,形态正常,但小于正常大小的1/4。

⑤顶芽及其周围组织:畸形,损伤,残缺,由初次感染所引起的腐烂。

⑥芽鞘和第一片叶(禾本科):芽鞘畸形,损伤,残缺,顶端损伤或残缺,严重弯曲,形成环状或螺旋形,严重扭曲,裂缝长度超过从顶端量起的1/3,基部开裂,细长,由初次感染所引起的腐烂,第一叶延伸长度不及芽鞘的一半,残缺,撕裂或其他畸形。

⑦整个幼苗:畸形,破裂,子叶比根先伸出,两片子叶连合在一起,保持着胚乳的环圈,呈黄色或白色,细长,玻璃状,由初次感染所引起的腐烂。

(3)不发芽的种子 不发芽的种子,主要有:

①硬实:放在规定的发芽条件下不能吸水而保持着坚硬状态,在豆科若干种中常见。原因在种皮。如磨破种皮或用酸腐蚀种皮,或者完全剥去种皮,就可使

其顺利吸胀开始发芽。硬实就是不透水的种子。

②新鲜种子:主要是由于生理休眠所引起的,放在规定的条件下能够吸水,但进一步发育受到阻碍。

③死种子:死种子通常变软,变色,往往发霉,没有幼苗发育的征象。

④其他类型:空种子(种子完全空瘪或仅含有一些残留组织)、无胚种子、虫伤种子。

4. 促进发芽的处理

由于硬实、休眠等各种原因,在发芽试验末期,还留存一些硬实或新鲜种子(未通过生理休眠)不发芽。采用促进发芽的处理,就能使其发芽。

(1)破除硬实的方法　在采种后处理操作简单。

①机械性磨损种皮:把种子放在容器中激烈振荡以磨薄磨破种皮,种皮变薄或磨损后水分就容易进入种子。也有用砂纸磨破硬皮,或用小刀划破硬皮。

②化学法溶解种皮:这种方法是利用某些化学物质消除种皮的不透水性,或者用化学物质分解种皮组织使其透水。如硫酸、重碳酸钠,有时也用盐酸和氢氧化钠。所用化学物质的种类、浓度、处理时间因种子的种类而不同。

③热水处理:将种子浸于 40℃ 以上,有时是 80℃ 的热水中,直至水温自然冷却,也可使种皮具透水性。椰子、大花美人蕉等用此法获得成功。由于高温与水共同作用,应注意防止烫坏胚。另外,也可先在凉水中

浸 12 小时,然后再在开水中浸 30～60 秒钟。

④冰冻和融解:在 0℃～2℃条件下处理苜蓿种子,硬实减少 23%,而且冰冻温度和处理时间对促进发芽关系不大。冰冻后的种子一旦透水,解冻后再次冰冻时,种子往往被冻死。

⑤高压法:早在 1915 年时有人将月见草属种子,浸水后放在 607.98～810.64 千帕压力(6～8 个大气压)下处理 2～3 天,水从种皮微缝中透入种子,种子一齐发芽。后来有人为促进紫苜蓿、白香草木犀等种子发芽,也用高压法处理。种子作高压处理,必须充分干燥。另外,高压下短时间处理比低压下长时间处理效果好。

⑥干热处理:用适宜的干热处理使苜蓿和红三叶草硬实吸水发芽。用此法处理后变成种皮透水的种子,可长时间地保持透水性,如苜蓿可保持 7 个月以上。但也有的种子用此法效果不明显。

(2)破除新鲜种子生理休眠的方法 常用的有干燥贮藏、预先冷冻和化学药剂处理。

①干燥贮藏:对于休眠期本来比较短的作物,往往只要将样品放在干燥地方,经过短时间贮藏即可破除休眠。利用高温干燥完成后熟有成功的实例,如水稻,采用 27℃温度,50% 的种子解除休眠为 50 天;在 37℃时为 15 天;在 47℃时只需干燥贮藏 5 天。

②预先冷冻:也就是预先低温处理。大多数作物,

在低温条件下(通常 1℃~10℃)可解除休眠。中国农业科学院品种资源所种子库对 2 000 多份具有不同程度休眠的谷子材料进行低温(5℃~7℃)3 天预处理,种子发芽能力大大提高。各种作物发芽试验前,将用于试验的种子放在湿润的发芽床上,开始在低温下保持一段时间,农作物、蔬菜、花卉种子通常在 5℃和 10℃之间开始保持 7 天时间。在有些情况下,需要延长预先冷冻时间或重复冷冻。林木种子通常在 1℃和 5℃温度之间冷冻一段时间,这段时间随林木种类而不同,需要 2 周至 12 个月。

③化学药剂处理:已发现解除种子休眠的化学物质很多,除了经常应用的赤霉素(GA_3, GA_7)、细胞分裂素和乙烯等,还有过氧化氢、乙醇、次氯酸钠、硫脲、硝酸盐、亚硝酸盐、氢离子、氰化物、叠氮化物等,这些化学物质在不同的低温光照等条件下,对各种种子破除休眠有着不同的作用。

5. 统计发芽试验结果

按规定日期记录各重复的正常苗数,不正常苗数,硬实数,霉烂和空瘪粒数,计算出四个重复的平均数,并算至整数。试验初期(规定日期)查发芽势,是将正常发芽种子捡出去并记录下来,尚未发芽的和不正常幼苗留下继续试验,待试验终期查发芽率时再记录。发芽势和发芽率的计算公式如下:

$$种子发芽势(\%)=$$

$$\frac{发芽初期(规定日期内)正常发芽粒数}{供试种子粒数}\times100\%$$

$$种子发芽率(\%)=$$

$$\frac{发芽终期(规定日期内)全部正常发芽粒数}{供试种子粒数}\times100\%$$

发芽率有一允许差距(表3-6),如有一份超出允许差距,可消除它,只计算其余3份平均数。如有两份超过允许差距,则须重做发芽试验。重做结果如仍有两份超过允许差距,则将两次试验,共8次重复结果相加再求其平均数来表示该品种的发芽率。

表3-6 发芽率允许差距

平均发芽率(%)	允许差距	平均发芽率(%)	允许差距
95以上	±2	71~80	±5
91~95	±3	61~70	±6
81~90	±4	51~60	±7

(四)快速测定种子活力

1. 四唑法

四唑药品为2,3,5-三苯基四唑氯化物(TTC)。水溶液范围0.1%~1%,通常配1%和0.1%溶液保存。1%的溶液可用于不切开胚的种子染色,而0.1%

溶液可用于已切开胚的种子染色。

从净种子中随机取 100 粒种子，4 个重复，将种子放在潮湿吸水纸上或两层吸水纸间一夜，或在烧杯中用 30℃温水浸 3～4 小时。

准备：①纵切一半种子：玉米、高粱、小粒谷类、大粒禾本科牧草种子。②横向切开带胚端：小粒禾本科牧草种子。③用针刺破种果皮：小粒禾本科牧草。④剥去种皮：四唑不能渗入种皮的双子叶植物种子。小粒豆类等种子不需预处理可直接染色。

染色：种子可放玻璃或塑料容器里染色，以溶液浸没种子为度。各类种子所需染色时间等详见表 3-7，并参考封三彩图。染色时间不能过久，以免鉴定困难。

表 3-7　农作物种子四唑测定方法

作　物	准　备	溶液浓度（%）	在 35℃染色时间（小时）	鉴定组	备　注
大　麦	纵切	0.1	1/2～1	A	
菜　豆	无须准备	1.0	3～4	B	硬实
甜　菜	剥去种皮	1.0	3～4	C	
荞　麦	剥去种皮	1.0	2～3	C	
玉　米	纵切	0.1	1/2～1	A	
棉　花	剥去种皮、内膜	1.0	2～3	C	
豇　豆	无须准备	1.0	3～4	B	硬实
亚　麻	无须准备	1.0	3～4	C	

作 物	准 备	溶液浓度 （%）	在 35℃ 染色 时间（小时）	鉴定组	备 注
大 麻	剥去种皮	1.0	3～4	C	
红 麻	剥去种皮	1.0	1～2	C	
小扁豆	无须准备	1.0	6～7	B	硬实
燕 麦	纵切	0.1	1/2～1	A	延长染色 时间会使 胚乳解体
花 生	剥去种皮	1.0	3～4	B	
油 菜	剥去种皮	1.0	3～4	C	
水 稻	纵切	0.1	2～3	A	
黑 麦	纵切	0.1	1/2～1	A	
芝 麻	剥去种皮	1.0	3～4	C	
高 粱	纵切	0.1	1/2～1	A	
大 豆	无须准备	1.0	3～4	B	
向日葵	剥去种皮	1.0	3～4	C	
烟 草	剥去种皮	1.0	4～6	C	
小 麦	纵切	0.1	1/2～1	A	

A 组　鉴别时玉米、高粱、小粒谷类要求用放大镜放大 5～7 倍。整个胚染成鲜红色，或盾片末端及胚根鞘不染色的为有发芽力种子；胚根 3/4 以上，或胚芽、盾片中部和盾片节，或胚轴盾片尖端和胚芽尖端，

或胚的上半部,或盾片和胚根不染色,或染色模糊和淡红色,或整个胚不染色,均列为无发芽力种子。

B组　豆类(小粒豆类要放大7倍)鉴定前需剥去种皮或纵向切开。胚发育良好,整个胚染成正常红色,或胚轴上子叶少部分染色,或1片子叶损伤不超过1/2,或1片子叶不染色等,列为有发芽力的种子;整个胚大部不染色,或胚轴上子叶仅有着生点、或子叶大部不染色,或染成其他异常颜色的均为无发芽力种子。

C组　豆类以外的双子叶植物种子是庞大的一组。大多数具有肥厚而坚韧的种皮或果皮,在染色前需切开或剥去果皮。正常的染色为鲜红色,有、无发芽力的染色鉴别如A,B所述。

2. 种子溶出物法

这是一种不需经过发芽试验的简易而快速的种子活力测定方法。

(1)多粒种子试验　将1克种子浸入2毫升灭菌水中,放在30℃下保温6小时,然后就可用糖试纸或其他分析方法测定溶出的糖分,假使糖试纸的反应是阳性黄,指数为0的,那么就是生活力强的种子。当糖试纸的颜色由黄转变为浅绿(指数为1或1以上),表示种子不能正常发芽或已经失去活力。

(2)单粒种子试验　将1粒种子(如油菜籽),浸入0.01~0.02毫升的灭菌水中,30℃保温10~24小时。然后用一片糖试纸测出单粒种子溶出的糖分,用糖试纸标准比色卡,0(黄)到4(墨绿),即强活力到死亡种子。

种子溶出物法对区别变质种子和强健种子比较灵敏,用以测定小样品,比其他方法优越。也适用于十字花科、葫芦科、茄科、豆科及禾本科等种子。用糖试纸测定溶出物方法对某些十字花科和豆科是很成功的。

3. X 射线鉴别法

将种子浸入氯化钡、硝酸钡等造影剂的水溶液中浸种,然后用 X 光照像显影,活种子不吸收造影剂,死种子吸收造影剂,经 X 光照像后出现黑影,这种方法比四唑法更迅速,更正确,且受检过的种子能正常使用。但需有一定设备。

4. 撕皮染色法

这是一种非常简便的方法。如测定休眠中的小麦种子发芽率,先把两份小麦种子样品各 100 粒,分别放在盛有清水的培养皿(或小碟、小盘)中,在 30℃ 温度下浸泡 2～3 小时,待种皮泡软后用针轻轻刺破种胚旁的种皮,再用镊子撕掉胚上的种皮,露出幼胚,接着倒入红墨水浸 1 小时取出,用清水冲洗干净,这时凡是没染色的种子就是活种子。根据检查结果再推算出发芽率。此方法经济、实用,能准确判断麦种生活力。

金盾版图书，科学实用，
通俗易懂，物美价廉，欢迎选购

玉米抗逆减灾栽培	39.00	图说甘薯高效栽培关键	
玉米科学施肥技术	8.00	技术	15.00
玉米高粱谷子病虫害诊断		甘薯产业化经营	22.00
与防治原色图谱	21.00	花生标准化生产技术	10.00
甜糯玉米栽培与加工	11.00	花生高产种植新技术	
小杂粮良种引种指导	10.00	（第3版）	15.00
谷子优质高产新技术	5.00	花生高产栽培技术	5.00
大豆标准化生产技术	6.00	彩色花生优质高产栽培	
大豆栽培与病虫草害防		技术	10.00
治（修订版）	10.00	花生大豆油菜芝麻施肥	
大豆除草剂使用技术	15.00	技术	8.00
大豆病虫害及防治原色		花生病虫草鼠害综合防	
图册	13.00	治新技术	14.00
大豆病虫草害防治技术	7.00	黑芝麻种植与加工利用	11.00
大豆病虫害诊断与防治		油茶栽培及茶籽油制取	18.50
原色图谱	12.50	油菜芝麻良种引种指导	5.00
怎样提高大豆种植效益	10.00	双低油菜新品种与栽培	
大豆胞囊线虫病及其防		技术	13.00
治	4.50	蓖麻向日葵胡麻施肥技	
油菜科学施肥技术	10.00	术	5.00
豌豆优良品种与栽培技		棉花高产优质栽培技术	
术	6.50	（第二次修订版）	10.00
甘薯栽培技术（修订版）	6.50	棉花节本增效栽培技术	11.00
甘薯综合加工新技术	5.50	棉花良种引种指导（修订	
甘薯生产关键技术100		版）	15.00
题	6.00	特色棉高产优质栽培技术	11.00

以上图书由全国各地新华书店经销。凡向本社邮购图书或音像制品，可通过邮局汇款，在汇单"附言"栏填写所购书目，邮购图书均可享受9折优惠。购书30元（按打折后实款计算）以上的免收邮挂费，购书不足30元的按邮局资费标准收取3元挂号费，邮寄费由我社承担。邮购地址：北京市丰台区晓月中路29号，邮政编码：100072，联系人：金友，电话：(010)83210681、83210682、83219215、83219217（传真）。